全国中等职业学校
全 国 技 工 院 校　培养复合型技能人才系列

磨工知识与技能（初级）（第二版）习题册

史巧凤　主编

中国劳动社会保障出版社

内容简介

本习题册为全国中等职业学校、全国技工院校培养复合型技能人才系列教材《磨工知识与技能（初级）（第二版）》的配套习题册。本习题册紧扣教学要求，按照单元顺序编排，知识点分布均衡，题型丰富多样，难易配置适当，有助于学生复习巩固所学知识。

本习题册由史巧凤担任主编，孙喜兵、许佳妮、朱桂林参加编写。

图书在版编目（CIP）数据

磨工知识与技能（初级）（第二版）习题册 / 史巧凤主编 . -- 北京：中国劳动社会保障出版社，2021

全国中等职业学校、全国技工院校培养复合型技能人才系列

ISBN 978-7-5167-4963-0

Ⅰ. ①磨…　Ⅱ. ①史…　Ⅲ. ①磨削 – 中等专业学校 – 习题集　Ⅳ. ①TG58-44

中国版本图书馆 CIP 数据核字（2021）第 185084 号

中国劳动社会保障出版社出版发行

（北京市惠新东街 1 号　邮政编码：100029）

*

三河市华骏印务包装有限公司印刷装订　新华书店经销

787 毫米 ×1092 毫米　16 开本　2.25 印张　51 千字

2021 年 9 月第 1 版　　2021 年 9 月第 1 次印刷

定价：5.00 元

读者服务部电话：（010）64929211/84209101/64921644

营销中心电话：（010）64962347

出版社网址：http：//www.class.com.cn

http：//jg.class.com.cn

目　录

第一单元　磨削加工基本知识

课题一　认识磨削加工

一、填空题（将正确答案填写在横线上）

1．一般旋转表面（内圆、外圆）按夹紧和驱动工件的方法不同，可分为__________和__________；按进给方向相对于加工表面的关系不同，可分为__________和__________；按磨削行程之后砂轮相对于工件的位置，可分为__________和__________；按砂轮工作表面的类型，可分为__________、__________和__________。

2．砂带磨削的优点是磨削效率高，设备简单，成本低，适应性强，有__________之称。

3．磨削加工是利用__________、__________进行加工的总称。

4．磨粒刃端面圆弧半径较大，切削时呈__________。

5．磨削加工时，一般磨削速度为__________左右，为普通刀具的20倍以上。

6．砂轮磨粒硬度高，热稳定性好，不但可磨__________、__________等材料，还可磨削各种__________，如__________、__________、__________、__________、石材等，这些材料用一般车、铣加工方式很__________。

7. M1432A型万能外圆磨床的工作台采用液压传动，沿着床身上的__________，使工件实现__________。

8．M1432A型万能外圆磨床在工作台前侧的T形槽内装有两个可调整位置的__________，用以控制工作台__________。

9．内圆磨具的主要功能是__________。

10．M2110A型内圆磨床可磨削__________。它由__________、__________、__________、__________和__________等部件组成。

11．砂轮修整器是__________做的，用来__________。

12．在平面磨床上磨削高而狭的工件时，应在工件两侧放置__________。

13．磨床工作台上装有__________，以装夹工件。

14．任何一种磨床都由共同的基本部分组成，即由__________、__________、__________、__________、__________等组成。

15．磨削运动分为__________和__________两种。

16．外圆磨削的进给运动包括__________、__________和__________。

17．平面磨削的进给运动包括____________________、砂轮或工件的____________运动和砂轮的____________运动。

18．磨削的____________由磨床的传动获得，磨床的进给机构或液压传动系统则完成磨削的____________。

19．切削液冷却性能的好坏取决于____________、____________等，上述物理性能的量值越大，冷却性能就越好。

20．磨削时使用的切削液可分为____________、____________、____________3 大类。

21．磨床上常用的润滑剂有____________和____________两大类。

二、选择题（将正确答案的代号填入括号内）

1．润滑的目的是减少磨床（　　）和机构传动副的磨损，提高机构工作的灵敏度。

A．导轨　　B．运动副　　C．摩擦面　　D．滑动面

2．在磨削过程中，砂轮的磨粒逐渐变钝，钝化的磨粒崩碎或（　　），又出现锋利的磨粒。

A．挤压脱落　　B．强制脱落

C．自行脱落　　D．逐渐脱落

三、判断题（正确的打“√”，错误的打“×”）

1．新砂轮在使用前要用木锤轻轻敲击以检查是否有裂纹，严禁使用敲击时声音嘶哑或外观有裂纹的砂轮。（　　）

2．M1432A 型万能外圆磨床除了可以磨削外圆柱面和外圆锥面，还可以磨削内圆柱面和内圆锥面。（　　）

3．切削液的润滑能力取决于切削液的渗透性、成膜能力。由于接触表面压力较大，须在切削液中添加一些油性添加剂或硫、氯、磷等极压添加剂。（　　）

4．砂轮上的每颗磨粒相当于一把锋利的刀齿，能切除工件极薄的表面层。（　　）

5．砂轮是由大量细小、极硬的磨粒组成的紧密体。（　　）

6．砂轮中磨粒的材料称为磨料。（　　）

7．使新的材料不断地投入磨削，以逐渐切出整个工件表面的运动称为主运动。（　　）

8．在磨削过程中，砂轮的磨粒会逐渐变钝。（　　）

9．砂轮在磨削过程中具有自锐性。（　　）

10．在磨削过程中，钝化的砂轮磨粒必须用金刚石修去，以保持其锋利性。（　　）

11．砂轮装夹前要检查是否有裂纹。（　　）

12．在装夹砂轮时，为了装夹牢固、可靠，在砂轮和法兰盘间不得加垫纸片。（　　）

四、名词解释

1．主运动

2．进给运动

五、简答题

1．切削液的作用有哪些？

2．磨床润滑的目的是什么？

课题二　认 识 砂 轮

一、填空题（将正确答案填写在横线上）

1．砂轮是由________和________制成的，并且还有许多孔隙，起着________和________磨屑的作用。

2．砂轮的特性包括____________、____________、____________、____________、____________、____________、____________等。

3．磨料分为____________和____________两大类。____________含杂质多，且价格昂贵，因此很少采用。目前制造的砂轮主要是____________。人造磨料比天然磨料（天然金刚石例外）____________、____________、____________。

4．粒度是指______________的大小，即____________。对于微粉，粒度号越________，则微粉的颗粒越________。

5．常用的结合剂有____________、____________、____________、____________4种，其中____________适用于金刚石砂轮。

6．砂轮的硬度是指______________________，也表示磨粒在磨削力的作用下从砂轮表面脱落的____________。

7．砂轮的组织是表示____________或____________的参数，是指______________、____________、气孔三者之间体积的比例关系。

8．磨具正确的________、________是保证磨削加工正常进行的必要条件。

9．砂轮高速旋转时，砂轮上任何部分都受到＿＿＿＿＿＿的作用，当此力的强度超过砂轮的强度时，砂轮就要＿＿＿＿＿＿。因此，砂轮强度通常用＿＿＿＿＿＿＿＿＿＿表示。

二、选择题（将正确答案的代号填入括号内）

1．磨削较软的材料时，磨粒不易变钝，可以选择（　　）一些的砂轮。
A．较软　　B．软　　C．较硬　　D．硬

2．砂轮是由（　　）的磨粒用结合剂黏结而成的。
A．无数均匀　　B．均匀排列　　C．任意分布　　D．杂乱分布

3．（　　）是构成砂轮的主体材料。
A．磨粒　　B．磨粉　　C．砂粒　　D．磨料

4．用来将散碎的磨粒黏结在一起成为砂轮的物质叫作（　　）。
A．结合剂　　B．黏合剂　　C．黏结剂　　D．黏胶

5．砂轮的硬度是指结合剂在外力作用下抵抗磨粒从砂轮表面脱落的（　　）。
A．能力　　B．难易程度　　C．速度　　D．数量

6．砂轮的磨粒之间还有孔隙，这些孔隙的大小各不相等，即砂轮的（　　）不同。
A．组织　　B．强度　　C．硬度　　D．粒度

7．砂轮所含（　　）比例越大，组织越紧密。
A．磨料　　B．磨粒　　C．结合剂　　D．孔隙

8．磨削各种不同的工件必须考虑到所用砂轮的（　　）。
A．形状　　B．硬度　　C．粒度　　D．特性

9．工件材料为铸铁、铜，可选择（　　）磨料的砂轮。
A．棕刚玉　　B．白刚玉或铬刚玉
C．黑色碳化硅　　D．绿色碳化硅或人造金刚石

10．工件材料为硬质合金，可选择（　　）磨料的砂轮。
A．棕刚玉　　B．白刚玉或铬刚玉
C．黑色碳化硅　　D．绿色碳化硅或人造金刚石

三、判断题（正确的打“√”，错误的打“×”）

1．刚玉类磨料的主要成分是氧化铝。（　　）
2．砂轮的粒度表示磨粒尺寸的大小，粒度数字越大，表示磨粒越大。（　　）
3．硬度较高的砂轮具有比较好的自锐性。（　　）
4．砂轮的硬度不应该认为是磨粒的硬度，而是结合剂的硬度。（　　）
5．磨削加工只能磨削硬材料，不能磨削软材料。（　　）
6．砂轮有不同的形状和尺寸，适用于不同的磨削加工。（　　）
7．磨削各种不同的工件时必须考虑所用砂轮的特征。（　　）
8．磨削普通材料工件可选用白刚玉砂轮。（　　）
9．工件为淬火钢、合金钢时，可选用白刚玉、铬刚玉砂轮进行磨削加工。（　　）
10．精磨时应选用细粒度的砂轮。（　　）
11．砂轮硬度的选择主要取决于被磨削工件的加工精度。（　　）

12．硬度高的砂轮，其磨粒不易过早脱落，能在较长时间内保持磨粒微刃的锋利性。（　　）

13．在磨削较硬的材料时可以选用硬一些的砂轮。（　　）

四、名词解释

1．磨料

2．砂轮的硬度

五、简答题

1．磨料粒度的选择原则是什么？

2．砂轮硬度选择的一般原则是什么？

3．在选择磨具的形状时应注意哪些问题？

课题三　砂轮的使用

一、填空题（将正确答案填写在横线上）

1．在安装砂轮前，应仔细检查砂轮是否____________。

2．如果砂轮内孔与______________________之间的间隙较大，在法兰盘底座的定心轴颈处应粘一层_________，以_________配合间隙。

3．在法兰轴套端面和砂轮之间必须垫上____________（如黄纸板）制成的衬垫。

4．压紧螺母的螺旋方向是这样规定的：____________砂轮旋转方向转动螺母时，它就____________；____________砂轮旋转方向转动螺母时，它就____________。

5．砂轮的不平衡是指_________________________________不重合，即由不平衡质量偏离____________所致。

6．静平衡使用的工具有____________、____________、____________和_____________等。

7．砂轮在工作一段时间以后，其工作表面____________。若继续磨削，将加剧砂轮与工件表面间的____________，工件会产生____________或____________，使磨削效率降低，也影响加工的______________。

8．金刚石笔安装要牢固，安装时，一般要______于砂轮中心 1 ~ 2 mm，笔的轴线____________5° ~ 10°，以防金刚石笔_________或_________砂轮。

二、选择题（将正确答案的代号填入括号内）

1．砂轮工作时具有极高的转速，若装夹时调整及紧固不当，会有（　　）的危险。

A．振动　　B．失去平衡　　C．爆裂　　D．粉碎

2．为了使砂轮装夹牢固，在砂轮和法兰盘之间要垫（　　）。

A．垫片　　B．纸片　　C．铜箔　　D．胶带

3．对砂轮进行静平衡时，应将其轻放在（　　）上，让砂轮自由转动。

A．平衡架　　B．平衡机　　C．平衡座　　D．平衡心轴

4．修整砂轮用的金刚钻，其尖端应研成（　　）的尖角。

A．50° ~ 60°　　B．60° ~ 70°

C．70° ~ 80°　　D．65° ~ 80°

三、判断题（正确的打“√”，错误的打“×”）

1．一般新安装的砂轮必须进行三次静平衡。（　）
2．安装平衡心轴时，心轴的外圆锥面与砂轮法兰应有 80% 的接触面。（　）
3．砂轮装夹、调整不当会有破碎的危险。（　）
4．砂轮装夹前要检查是否有裂纹。（　）
5．在装夹砂轮时，为了装夹牢固、可靠，在砂轮和法兰盘间不得加垫纸片。（　）
6．对砂轮进行静平衡时，必须将砂轮连同安装好的法兰盘一起进行平衡。（　）
7．砂轮的平衡是在专用的平衡机上进行的。（　）
8．砂轮的不平衡量是通过调整法兰盘上端面环槽内的平衡块位置进行消除的。（　）
9．经过两次平衡后的砂轮才能保证在磨床上稳定地旋转，不会产生跳动。（　）
10．用金刚石笔修整砂轮时，笔尖要高于砂轮中心 1 ~ 2 mm。（　）
11．修整外圆砂轮时，一般先修整砂轮的端面，再修整砂轮的圆周面。（　）

四、简答题

1．砂轮修整一般有哪两种情况？

2．修整砂轮的方法有哪些？

3．用金刚石笔修整砂轮时应该如何选择修整用量？

第二单元 外圆磨削

课题一 认识M1432A型万能外圆磨床

一、填空题（将正确答案填写在横线上）

1. M1432A型万能外圆磨床可以用来加工________、________以及________等，加工后可达到的公差等级为________级，表面粗糙度值 Ra 可达到________。

2. M1432A型万能外圆磨床由床身、工作台、________、________、________以及________等部件组成。

3. 操纵时要仔细调整并紧固________，防止发生砂轮与________、________等部件撞击的事故。

4. 操纵液压尾座时要习惯在砂轮架________后，头架主轴________时，操纵液压尾座装卸工件。

5. 磨床上常用的润滑剂有________和________两大类。

二、选择题（将正确答案的代号填入括号内）

1. 常用的切削液为乳化液，可用体积分数为5%的（　　）和体积分数为95%的水配制而成。

A. 乳化油　　B. 切削液　　C. 乳化液

2. 尾座的顶紧力要调整适当，可以用手转动装夹在两顶尖之间的轴，手感松紧程度（　　）即可。

A. 略紧　　B. 适宜　　C. 略松

3. 调整砂轮横向位置时，手轮每转一周，砂轮架横向移动（　　）mm。

A. 4　　B. 2　　C. 5

三、判断题（正确的打“√”，错误的打“×”）

1. 手动操纵工作台时，用左手握住手柄转动手轮，操纵时手臂用力要均匀，使工作台快速移动。（　　）

2. 用两顶尖装夹工件时，主轴必须固定不动。（　　）

3. 安装砂轮时要防止损伤砂轮，可以用铁锤敲击法兰盘和砂轮主轴，以判断砂轮的好坏。（　　）

课题二　外圆的纵向磨削

一、填空题（将正确答案填写在横线上）

1. 工件的装夹包括________和________两部分。

2. 工件一般用________装夹，有时也用________或________装夹，有内孔的则用________装夹。

3. 磨床采用的顶尖都是固定在头架和尾座的锥孔内的，是________的。

4. 两顶尖装夹合理，可以使工件的________始终固定不变，获得很高的________和________。

5. 两顶尖装夹工件的特点是________高，________方便、迅速。

6. 夹头起________的作用。夹头的质量要分布均匀，否则转动时的________影响磨削质量。

7. 顶尖用来________，确定工件的________，承受________和磨削时的磨削力。

8. 顶尖的头部为________体，颈部为过渡圆柱，柄部为________。

9. 顶尖的柄部与________或________相配合，固定在头架或尾座上。

10. 顶尖的尺寸用________表示，如莫氏 4 号顶尖等。顶尖是________夹具，广泛地用于外圆磨削中。

11. 磨削时，若工件的回转轴线与工作台纵向运动方向不平行，则会产生________。

12. 磨床工作台的调整方法有________、________和________。

13. 当砂轮接触工件产生火花时，应停止横向进给，观察火花在砂轮宽度内的________。如果砂轮右端（即靠近尾座端）火花大，调整螺钉应________旋转；反之，应________旋转。

14. 当工件外圆基本磨出时，可用________测量工件的锥度。如靠近头架端尺寸大于尾座端，为________，应顺时针旋转调整螺钉；反之为________，应逆时针旋转调整螺钉。

15. 对刀找正一般应在________试磨余量内将工作台找正完毕，这种方法常用于磨削________的工件。

16. 标准样棒调整法主要用于________和________的磨削加工。

17. 采用纵向磨削法磨削时，工作台做________，砂轮做________，工件的磨削余量要在多次________中磨去。

18. 采用纵向磨削法磨削时，砂轮超越工件两端的长度一般为砂轮宽度的________。

19. 采用纵向磨削法磨削时，为减小工件的表面粗糙度值，可做适当________，即在________的情况下，工作台做纵向往复运动。

20. 砂轮的________起________，担负切除工件大部分余量的工作，而砂轮宽度上________与__________接触，切削工作大大减轻，主要起________________________的作用。

二、选择题（将正确答案的代号填入括号内）

1．外圆磨削的主运动是（　　）。

A．工件的圆周进给运动　　B．砂轮的高速旋转运动

C．工件的纵向进给运动

2．夹头主要起（　　）的作用。

A．夹紧　　B．定位　　C．传动

3．顶尖的锥面与工件中心孔配合的接触面积应大于（　　）。

A．60%　　B．70%　　C．80%

4．外圆磨削时，提高（　　）会使工件的表面粗糙度值降低。

A．砂轮圆周速度　　B．工件圆周速度

C．纵向进给量

5．用两顶尖装夹是外圆磨削常用的方法，它具有（　　）的特点。

A．装夹方便　　B．制造容易

C．定位精度高　　D．使用寿命长

E．对中性好　　F．不损伤工件加工面

6．顶尖的柄部制成莫氏锥体，能精确地装夹在外圆磨床的（　　）锥孔中。

A．砂轮架　　B．头架

C．中心架　　D．跟刀架

E．尾座　　F．内圆磨具头架

7．外圆磨床磨削工件常用的装夹方法是（　　）。

A．装夹在两顶尖之间　　B．用中心架装夹

C．用跟刀架装夹　　D．用卡盘装夹

E．用花盘装夹　　F．用心轴装夹

三、判断题（正确的打“√”，错误的打“×”）

1．夹头夹持精密的工件表面时应衬垫铜片，以保护工件表面。（　　）

2．当工件端面有槽时，工件可由方形夹头直接带动旋转。（　　）

3．由于砂轮的大部分磨粒担负磨光作用，且背吃刀量小，切削力小，磨削温度低，因此工件尺寸精度高，表面粗糙度值低。（　　）

4．外圆纵向磨削法由于磨削深度小，需多次进给才能磨去工件余量，机动时间长，因此生产效率比较低。（　　）

5．砂轮圆周速度增加时，磨削生产效率会明显提高，所以速度越高越好。（　　）

6．采用纵向磨削法时，工件的转速可以提高一些，这样磨削生产效率会明显提高。（　　）

7．磨削过程中，当背吃刀量增大时，则工件表面粗糙度值增大，生产效率提高，但砂轮的使用寿命缩短。（　　）

8．磨削光轴时，需要对同一外圆分两次掉头装夹磨削才能完成。（　　）

四、简答题

1．纵向进给量应该如何选择？

2．选择工件圆周速度的原则有哪些？

课题三　外圆的其他磨削方法

一、填空题（将正确答案填写在横线上）

1．切入磨削法又称______________。

2．采用纵向磨削法磨削时，砂轮超越工件两端的长度一般为砂轮宽度的__________。

3．采用纵向磨削法磨削时，磨削力较小，加工表面长度是砂轮宽度的________倍较为合适。

4．切入磨削法由于受到砂轮宽度的限制，适用于磨削长度_________的外圆表面。

5．采用切入磨削法时，砂轮容易__________和__________，因此应经常__________砂轮。

6．分段磨削法又称__________或_________，即先将工件分成若干小段，用_________法逐段进行粗磨，留精磨余量_________，然后再用_________法精磨工件至_______。

7．分段磨削法既有切入磨削法_________的优点，又兼有纵向磨削法_________的优点。

8．分段磨削时，相邻两段间应有 5 ~ 15 mm 的_______，以保证各段外圆能够衔接好。

9．深度磨削法是一种______效率的磨削方法，是将砂轮磨成_________，采用______的磨削深度、______的轴向进给量，在一次轴向进给中将工件的全部磨削余量切除。

10．深度磨削法的加工精度可稳定达到的公差等级________级，表面粗糙度值 *Ra* 为________ μm 左右。

二、选择题（将正确答案的代号填入括号内）

1．外圆磨削的主运动是（　　）。

A．工件的圆周进给运动　　B．砂轮的高速旋转运动

C．工件的纵向进给运动　　D．砂轮的横向进给运动

2．由于（　　）磨削深度较小，零件磨削余量要经过多次切除，因此生产效率较低。

A．纵向磨削法　　B．深度磨削法

C．切入磨削法　　D．分段磨削法

3．（　　）是生产加工中用得较多的一种磨削方法，零件的全部磨削余量用较小的纵向进给量在一次纵向进给中磨去，因此生产效率高。

A．纵向磨削法　　B．深度磨削法

C．切入磨削法　　D．分段磨削法

4．（　　）能充分发挥所有磨粒的切削作用，故生产效率高。

A．纵向磨削法　　B．深度磨削法

C．切入磨削法　　D．分段磨削法

5．由于（　　）磨削时径向力较大，工件极易产生弯曲变形，因此不适合磨削细长的零件。

A．纵向磨削法　　B．深度磨削法

C．切入磨削法　　D．分段磨削法

6．采用（　　）时，可根据零件的几何形状将砂轮修整为成形砂轮来加工成形面。

A．纵向磨削法　　B．深度磨削法

C．切入磨削法　　D．分段磨削法

7．采用（　　）时，要锁紧尾座套筒，防止工件脱落。

A．纵向磨削法　　B．深度磨削法

C．切入磨削法　　D．分段磨削法

8．采用（　　）时，切削液要充分，防止工件磨削时发热变形。

A．纵向磨削法　　B．深度磨削法

C．切入磨削法　　D．分段磨削法

三、判断题（正确的打“√”，错误的打“×”）

1．采用纵向磨削法磨削外圆时，在砂轮整个宽度上磨粒的工作情况是相同的。（　　）

2．采用纵向磨削法磨削外圆时，工件宜采用较高的转速。（　　）

3．磨削光滑轴时需进行接刀磨削，粗磨、精磨及接刀均采用纵向磨削法。（　　）

4．切入磨削法不适用于磨削长度较长的外圆表面。（　　）

5．采用切入磨削法磨削外圆时，砂轮工作面上的磨粒负荷基本一致。（　　）

6．采用切入磨削法磨削外圆时，被磨工件外圆长度应小于砂轮宽度。（　　）

7．深度磨削法适用于大批量生产。（　　）

8．采用深度磨削法磨削外圆时，由于零件的全部磨削余量是用较小的纵向进给量在一次纵向进给中磨去的，因此生产效率较低。（　　）

9．采用深度磨削法的磨床要具有较高的刚度，且功率较大。（　　）

四、简答题

1．切入磨削法的适用范围是什么？

2．分段磨削法的适用范围是什么？

课题四　台阶轴的磨削

一、填空题（将正确答案填写在横线上）

1．当工件磨削长度小于砂轮宽度时，应采用____________；当工件磨削长度较长时，可采用____________或____________。

2．磨削淬硬工件时，应尽量选用____________顶尖装夹，以减少顶尖的__________。

3．台阶轴端面一般是在外圆磨床上与外圆柱面一次装夹中用砂轮__________磨出。

4．台阶轴磨削包括____________和____________的磨削。

二、选择题（将正确答案的代号填入括号内）

1．磨削台阶轴端面时，需将砂轮端面修整成（　　）形。

A．平　　　　B．内凸　　　　C．内凹

2．采用纵向磨削法磨削外圆，当砂轮磨削至轴肩一边时，要使工作台（　　），以防出现凸缘或锥度。

A．立即退出　　　　B．停留片刻　　　　C．缓慢移动

3．工件端面的磨削花纹可反映端面是否平整，当端面为双花纹时，表示端面（　　）。

A．内凹　　　　B．平整　　　　C．内凸

4．磨削台阶轴时，（　　）会出现圆度误差。

A．顶尖磨损　　　　B．砂轮修整不良　　　　C．工件弯曲变形

三、判断题（正确的打“√”，错误的打“×”）

1．磨削多台阶外圆时，可先磨削大直径外圆，然后依次磨削较小直径的外圆。（　　）

2．端面、外圆磨削时，砂轮斜向切入，可同时磨削工件的圆柱面和轴肩面。（　　）

3．磨削外圆时，先磨精度要求较低的外圆，后磨精度要求较高的外圆，以保证工件的精度要求。（　　）

4．工件端面的磨削花纹也可反映端面是否磨平，端面为单花纹，则表示端面平整。（　　）

5．磨削同轴度要求较高的台阶轴轴颈时，应尽可能在一次装夹中将工件各表面精磨完毕。（　　）

6．工件出现圆柱度误差时，可能是头架、尾座中心未对准。（　　）

7．台阶轴磨削后有直波形振纹是因为工件圆周速度过小的原因。（　　）

8．磨削台阶轴端面时，进给量要大且均匀。（　　）

四、简答题

1．磨削台阶轴时，应该如何确定加工顺序？

2．无退刀槽或圆角轴肩的磨削应该如何进行？

第三单元　内 圆 磨 削

课题一　内圆磨床的操纵与调整

一、填空题（将正确答案填写在横线上）

1．内圆磨削的尺寸精度一般可达＿＿＿＿级，表面粗糙度值 *Ra* 可达＿＿＿＿μm。

2．M2110A 型内圆磨床磨削时，磨削速度有＿＿＿＿、＿＿＿＿、＿＿＿＿、＿＿＿＿4 个挡位可供选择。

3．M2110A 型内圆磨床由＿＿＿＿、＿＿＿＿、＿＿＿＿、＿＿＿＿和＿＿＿＿等部件组成。

4．万能外圆磨床上内圆磨具的调整方式有两种：一种是＿＿＿＿，另一种是＿＿＿＿。

二、判断题（正确的打“√”，错误的打“×”）

1．用砂轮修整器修整砂轮时，动作选择旋钮转到“磨削”的位置。（　　）

2．万能外圆磨床在磨削外圆时，为了保证头架主轴的回转精度，防止在磨削时顶尖与工件一起旋转，必须将头架主轴的间隙收紧。（　　）

3．内圆磨床每次启动油泵后，首先必须使工作台退到底，让油泵自动进行排气，然后开始工作，否则工作台会产生“爬行”现象。（　　）

4．内圆磨床在调整工作台挡铁位置时，应停止工作台的液动纵向进给，改为手动进给，以防止工作台变换速度时砂轮碰到工件。（　　）

三、简答题

1．M2110A 型内圆磨床工作台在磨削位置时，挡铁距离和运动速度应该如何调整？

2. M2110A 型内圆磨床主轴箱的操纵和调整应该如何进行？

课题二　通 孔 磨 削

一、填空题（将正确答案填写在横线上）

1. 内圆磨削时，由于砂轮与工件为内切圆接触，砂轮与工件的__________比外圆磨削_______，因此磨削热和磨削力都比较大，磨粒容易_________，工件容易_____________。

2. 工作台的行程应根据___________和砂轮在工件孔口的____________计算。

3. 通过调整挡铁的距离使内圆磨削砂轮在工件两端越出的长度为砂轮宽度的__________。

4. 在工件内孔两端对刀试磨，根据误差值调整机床________或________。

5. 内圆磨削常用_______________和_______________。

6. 磨削通孔时，首先根据工件孔径和长度选择__________和__________。

7. 精磨内孔时，磨出后再精确测量内孔的圆柱度和表面粗糙度，如不符合要求，则精细地__________并____________，直至符合要求为止。

8. 磨削圆柱孔时，须调整头架主轴轴线与工作台纵向运动方向________。通常可用______________找正头架。

9. 砂轮紧固有____________和____________两种方法。

二、选择题（将正确答案的代号填入括号内）

1. 内圆磨削是内孔的精加工方法，它可以加工工件上的（　　）等。

A. 平行孔　　B. 对称孔　　C. 盲孔

D. 通孔　　E. 台阶孔

2. 采用纵向磨削法磨削内圆时，砂轮超越孔口的长度一般为砂轮宽度的（　　）。

A. 1/5 ~ 1/3　　B. 1/3 ~ 1/2　　C. 1/2 ~ 2/3　　D. 1/3 ~ 2/3

3. 内圆磨削时，砂轮外圆与工件内孔为（　　）接触。

A. 内接圆　　B. 外接圆　　C. 内切圆　　D. 外切圆

4. 内圆磨削时，砂轮直径与工件直径的比值通常为 0.5 ~ 0.9，当工件孔径较小时，其比值应取（　　）。

A．大一些　　B．小一些　　C．中间值　　D．都可以

5．砂轮退出内孔表面时，先要将砂轮横向退出，然后再在纵向进给方向退出，以免工件产生（　　）痕迹。

A．直波纹　　B．波浪纹　　C．螺旋形　　D．振纹

6．磨削软金属和有色金属材料时，为防止磨削时产生堵塞现象，应选择（　　）的砂轮。

A．粗粒度、较低硬度　　B．粗粒度、较高硬度

C．细粒度、较高硬度　　D．细粒度、较低硬度

7．一般内圆磨削用的砂轮比外圆磨削用的砂轮硬度要软（　　）级。

A．1 ~ 2　　B．1 ~ 3　　C．2 ~ 3　　D．2 ~ 4

8．内圆磨削时，由于砂轮与工件有较大的接触弧，因此为了提高磨粒的切削能力，减少烧伤，应选择（　　）粒度。

A．细　　B．较细　　C．粗　　D．较粗

9．内圆砂轮接长轴的锥面与磨头主轴锥孔的接触面要好，一般应不小于（　　）。

A．70%　　B．80%　　C．90%　　D．60%

10．内圆磨削时，工件主要用（　　）夹紧，所以在装夹时要特别小心。

A．花盘　　B．三爪自定心卡盘　　C．可胀心轴　　D．卡箍套

11．（　　）有正爪和反爪两种，可根据工件直径的大小来选择。

A．卡箍　　B．花盘　　C．拨盘　　D．三爪自定心卡盘

12．内圆磨削特别能加工（　　）的工件，因此在机械加工中被广泛应用。

A．淬硬　　B．精密　　C．小型　　D．复杂

三、判断题（正确的打“√”，错误的打“×”）

1．内圆磨削是工件上通孔的精加工方法。（　　）

2．内圆磨削砂轮的宽度是由工件上孔的直径确定的。（　　）

3．通常内圆磨削所用的砂轮硬度比外圆磨削所用的砂轮硬度要软。（　　）

4．由于内圆磨削排屑较困难，为避免塞实，砂轮组织要比外圆磨削时疏松。（　　）

5．内圆磨削的纵向进给量应比外圆磨削大一些，有利于工件散热。（　　）

6．采用纵向磨削法磨削内圆时，砂轮超越孔口的长度一般为砂轮宽度的1/3 ~ 1/2。（　　）

7．装夹外形不规则的工件或定心精度较高的套类工件时可采用三爪自定心卡盘。（　　）

8．当工件以与孔的轴线相垂直的端面定位时，可采用花盘装夹。（　　）

9．内圆磨削工件时，产生喇叭口，其主要原因是砂轮磨钝。（　　）

10．内圆磨削中，纵向进给量可选择比外圆磨削大一些。（　　）

四、简答题

1．磨削通孔时常产生的缺陷有哪些？

2．内圆磨削时，切削用量和加工余量应该如何设置？

3．内圆磨削有哪些特点？

课题三　台阶孔及不通孔磨削

一、填空题（将正确答案填写在横线上）

1．磨削不通孔时，________________比通孔磨削效果差，工件容易__________，

________容易堵塞砂轮，使砂轮变钝。

2．在磨削不通孔时，不能在________中完成，须经过________和磨削，从而增加了加工难度。

3．在磨削台阶孔时，一般选用________的内圆砂轮，砂轮的直径要________的孔径。

4．台阶砂轮除了修整__________，还需修整__________，可用砂条或砂轮块将端面修成__________的平面。

5．在磨削不通孔时，砂轮在工件里端换向时应有一定时间的_________，以磨完工件圆周。

6．在磨削台阶孔时，内孔要在___________中磨完，方可卸下工件。

二、判断题（正确的打“√”，错误的打“×”）

1．内圆磨削是工件上通孔的精加工方法。磨削两孔直径相差较大的台阶孔或不通孔时，可采用两根接长轴装上直径相适应的砂轮。（　　）

2．磨削长度较短的台阶孔时应选用宽度较大的砂轮，砂轮越出右端孔口不宜太多，以免工件产生喇叭口。（　　）

3．修整台阶砂轮时，可用砂条或砂轮块将端面修成平面。（　　）

4．磨削不通孔和台阶孔前，在调整挡铁位置时，应使砂轮在里端位置不碰撞工件内端面，外端越出工件 1/5 ~ 1/3 的砂轮宽度。（　　）

5．磨削台阶孔时，内孔可在多次装夹中磨完。（　　）

三、简答题

简述磨削台阶孔的操作步骤及要领。

第四单元　外圆锥面的磨削

课题一　转动工作台磨削外圆锥

一、填空题（将正确答案填写在横线上）

1．正截圆锥由______________、_____________和_________________三部分尺寸组成。由这三个尺寸，可以算出其他尺寸参数：圆锥体的圆锥角 α 、____________________、__________________。

2．锥度的数学表达式为_____________________。

3．常用的标准圆锥有____________和____________两种。

4．莫氏圆锥分成 7 个号码，即______、______、______、______、______、______和______号。其中________号最小，_________号最大。

5．米制圆锥按尺寸大小不同分成 7 个号码，即______、______、______、_________、______、______和_____。它的号码是指圆锥大端的直径。锥度都一样，规定 C=________。

6．转动工作台磨削外圆锥时，只要将上工作台相对下工作台按逆时针方向转过工件____________即可。

7．使用套规检查锥度，如果工件外圆锥面小端有擦痕，大端无擦痕，则说明圆锥角_________。

二、选择题（将正确答案的代号填入括号内）

1．米制圆锥的锥度都一样，规定 C=（　　）。

A．1∶10　　　　B．1∶20　　　　C．1∶50

2．在包含圆锥轴线的截平面上两素线之间的夹角称为（　　）。

A．斜角　　　　B．圆锥半角　　　　C．圆锥角

3．采用转动工作台的方法磨削外圆锥面时，上工作台一般按顺时针转动（　　）。

A．3°　　　　B．6°　　　　C．9°

4．当磨削锥度较大而又较长的工件时，只能用转动（　　）的方法进行磨削。

A．上工作台　　　　B．头架　　　　C．砂轮架

三、判断题（正确的打“√”，错误的打“×”）

1．圆锥面配合的零件定心精度较高，并能获得较高的同轴度。（　　）

2．在包含圆锥轴线的截平面上，测量两素线之间的夹角叫作圆锥半角。（　　）

3．车床主轴孔、顶尖、钻头柄、铰刀柄等都是常用莫氏圆锥。（　　）

4．米制圆锥的特点是锥度不变，方便记忆。这类圆锥一般应用于大型机床的主轴孔。（　　）

5．当工件上的圆柱面和圆锥面精度要求相同时，一般应先磨圆锥面。（　　）

6．莫氏锥度共分 7 个号码，尺寸大小不一，但锥角是相等的。（　　）

7．外圆锥的磨削方法可采用纵向磨削法、切入磨削法和综合磨削法。（　　）

四、简答题

1．转动工作台磨削外圆锥面的特点有哪些？

2．转动工作台磨削外圆锥面时，工作台应该如何调整？

课题二　转动头架磨削外圆锥

一、填空题（将正确答案填写在横线上）

1．当磨削工件的圆锥半角超过__________的角度时，可用__________磨削法。

2．采用转动头架法磨削时，工件通常用__________装夹。

3．头架的调整是按__________方向回转工件__________。

4．头架的回转角度误差可利用__________加以补偿。

5．转动头架磨削外圆锥面适合磨削锥度__________而长度__________的工件。

二、简答题

1．转动头架磨削外圆锥面的特点有哪些？

2. 简述转动头架法磨削莫氏 4 号顶尖外圆锥面的操作步骤。

课题三　转动砂轮架磨削外圆锥

一、填空题（将正确答案填写在横线上）

1. 当磨削圆锥素线较______且圆锥角________的工件时，可采用转动砂轮架磨削法。

2. 采用转动砂轮架磨削法的工件可用___________装夹。装夹工件时工件圆锥的大端应靠________方向，以便砂轮能横向切入磨削。

3. 外圆锥磨削常采用______________、______________、______________3 种方法。其中____________磨削法最为常用。

二、判断题（正确的打“√”，错误的打“×”）

1. 转动头架磨削外圆锥时，工件不能用顶尖装夹。（　）

2. 采用转动砂轮架角度磨削外圆锥面时，工作台能做纵向运动。（　）

3. 采用转动上工作台的方法磨削外圆锥面能获得较高的精度，其应用也较为广泛。（　）

4. 当工件的圆锥斜角超过上工作台所能回转的角度时，可采用转动头架角度的方法来磨削圆锥面。（　）

5. 当工件的圆锥半角超过工作台所能回转的角度时，可再用转动头架角度的方法来磨削圆锥面。（　）

6. 用转动砂轮架角度的方法磨削外圆锥面时，可采用纵向磨削法进行磨削。（　）

三、简答题

1. 转动砂轮架磨削外圆锥面的特点有哪些？

2. 在万能外圆磨床上磨削外圆锥体有哪些方法？各适用于什么工件？

课题四　圆锥孔磨削

一、填空题（将正确答案填写在横线上）

1．磨削圆锥孔的方法有________________、________________等。

2．采用转动头架法磨削时，将头架转过__________________________的角度，使工作台做______________，砂轮做______________。

3．转动工作台磨削圆锥孔时，将工作台转过______________________________的角度，使工作台带动工件做_____________，砂轮做_____________。

4．由于受工作台转动角度的限制，因此转动工作台法仅限于磨削圆锥角小于________°，长度___________的内圆锥，如_________________、_________________等。

5．对于长度较长的工件，通常采用一端用___________夹紧，另一端用___________支承的方式装夹。

6．采用纵向磨削法磨削圆锥孔时，使内圆锥面磨出________以上，然后进行角度检验。

7．在磨削圆锥孔时，要先将上___________转到相应的角度位置，然后再调整____________距离，操作顺序不能颠倒。

8．在找正锥度对刀时，要先从圆锥孔大端处_________，然后再在小端处_________，这样可以避免______________________________________。

9．一般_____________、_____________的工件都采用转动头架法磨削圆锥孔。

二、判断题（正确的打“√”，错误的打“×”）

1．因为砂轮架与工件旋转轴线不等高，会使磨出的圆锥素线不直，形成双曲线误差。（　　）

2．由于外圆砂轮直径大，接触弧长，因此其等高要求较低。（　　）

三、简答题

1．磨削圆锥孔时，砂轮直径的选择原则是什么？

2．磨削左右对称内圆锥的方法是什么？

3．磨削内圆锥时要注意哪些事项？

第五单元　平 面 磨 削

课题一　认识 M7120D 型平面磨床

一、填空题（将正确答案填写在横线上）

1．M7120D 型平面磨床是________，可用砂轮圆周磨削各种________，也可用砂轮的端面磨削工件的________。被加工工件的平行度误差不大于________，被加工表面的表面粗糙度值 *Ra* 可达到________。

2．按照平面磨床磨头和工作台的结构特点，可将平面磨床分为 5 种类型，即________、________、________、________及________等。

3．M7120D 型平面磨床由________、________、________、________、立柱、电气箱、电磁吸盘、电气按钮板和________等部件组成。

4．平面磨削的形式，按砂轮工作表面可划分为________、________、________3 种形式。

5．卧轴矩台平面磨床的砂轮主轴轴线与工作台台面________，工件安装在________电磁吸盘上，并随工作台做________运动，砂轮在高速旋转的同时做间歇的________运动。

6．卧轴圆台平面磨床的砂轮主轴是________的，工作台是________电磁吸盘，用砂轮的________磨削平面。

7．卧轴圆台平面磨床的工作台是连续旋转的，所以________，但不能磨削________等复杂的平面。

8．立轴矩台平面磨床的砂轮主轴与工作台________，工作台是________电磁吸盘，用砂轮的________磨削平面。这类磨床只能磨削________。由于砂轮的直径大于工作台的宽度，砂轮不需要________，因此磨削效率________。

9．立轴圆台平面磨床的砂轮主轴与工作台________，工作台是________电磁吸盘，用砂轮的________磨削平面。

10．双端面磨床能同时磨削________，磨削时工件可连续送料，常用于________等场合。

11．用砂轮的端面磨削时，大多采用粒度________、硬度________的________砂轮。

二、选择题（将正确答案的代号填入括号内）

1．在卧轴矩台平面磨床上磨削长而宽的平面时，一般采用（　　）磨削法。

A．横向　　B．深度　　C．阶梯

2．采用砂轮端面磨削平面时，接触面积大，排屑困难，容易发热，所以大多采用（　　）结合剂砂轮。

A．陶瓷　　B．树脂　　C．橡胶

3．采用端面磨削法磨削平面时，若出现（　　），则说明磨头与工作台垂直。

A．左旋波纹　　B．右旋波纹　　C．双纹圆弧

4．砂轮与工件的接触面积小，此时磨出的平面为（　　）形。

A．中凸　　B．台阶　　C．中凹

二、判断题（正确的打“√”，错误的打“×”）

1．卧轴的平面磨床均属于圆周磨削。（　　）

2．立轴的平面磨床均属于用砂轮的端面进行磨削。（　　）

3．将砂轮端面修成凸锥形，砂轮与工件为线接触。（　　）

三、简答题

1．周边磨削的特点是什么？

2．端面磨削的特点是什么？

课题二　平面磨床的操纵

一、填空题（将正确答案填写在横线上）

1．M7120D型平面磨床采用________、________及________进行操纵。

2．在平面磨床的主轴上装拆砂轮时，法兰盘是用________、________紧固砂轮的。

装夹时，先把砂轮装到________上，然后盖上________，放上________，旋上________，最后用__________将螺母旋紧。

二、判断题（正确的打“√”，错误的打“×”）

1．在启动砂轮前，必须先启动润滑泵，使砂轮主轴得到充分的润滑。（　　）

2．磨头垂直自动升降是由摇动垂直进给手轮来控制的。（　　）

3．在平面磨床主轴上装拆砂轮的方法与在外圆磨床上的方法基本相同。（　　）

4．磨头的自动升降一般用于磨削前的预调整，以减轻劳动强度，提高生产效率。（　　）

三、简答题

1．简述在电磁吸盘台面上用修整器修整砂轮的注意事项。

2．简述平面磨床磨头手动操纵和调整的方法。

课题三　平行平面的磨削

一、填空题（将正确答案填写在横线上）

1．平面磨削的常用方法有________________、________________、________________。

2．平面磨削所用的砂轮应根据______________、______________、______________等来选择。

3．平面磨削所用的砂轮应选择硬度________、粒度________、组织________的砂轮。

4．当磨削宽度______、精度要求______和横向进给量______时，工作台纵向进给应选得小一些；反之，则应选得大一些。

5．______________是平面磨削中最常用的夹具之一，用于________、________等磁性材料制成的有______________的工件的装夹。

6．电磁吸盘的外形有________和________两种。

二、选择题（将正确答案的代号填入括号内）

1．砂轮与工件的接触面积小，此时磨出的平面为（　　）形。

A．中凸　　B．台阶　　C．中凹

2．在电磁吸盘上装夹工件时，工件定位表面盖住绝缘层条数应尽可能地（　　）。

A．多　　B．少　　C．全部盖住

3．采用台阶磨削法磨削平面时，可在（　　）垂直进给中磨去全部余量。

A．一次　　B．两次　　C．三次

4．（　　）法适用于在功率大、刚性好的磨床上磨削较大型的零件。

A．横向磨削　　B．深度磨削　　C．台阶磨削

5．横向磨削法磨削平面的接触面积比深度磨削法（　　）。

A．大　　B．小　　C．相同

6．深度磨削法磨削平面的特点是纵向进给速度比横向磨削法（　　）。

A．快　　B．慢　　C．相同

7．精磨平面时的垂向进给量（　　）粗磨时的垂向进给量。

A．大于　　B．小于　　C．等于

三、判断题（正确的打"√"，错误的打"×"）

1．用砂轮的圆周磨削时，一般选用树脂结合剂的筒形砂轮、碗形砂轮或镶块砂轮。（　　）

2．用砂轮的端面磨削时，由于接触面积大，排屑困难，容易发热，因此大多采用陶瓷结合剂的平形砂轮。（　　）

3．磨削用量的选择是由加工方法、磨削性质、工件材料等条件决定的。（　　）

4．砂轮垂直进给量的大小是依据横向进给量的大小来确定的。 (　　)

5．用电磁吸盘装夹小而薄的工件时，无须放置挡板。 (　　)

6．修磨电磁吸盘台面时，电磁吸盘应接通电源。 (　　)

7．采用横向磨削法磨削平面时，磨削宽度应等于横向进给量。 (　　)

四、简答题

1．简述平面磨削基准面的选择原则。

2．平面度的检验方法有哪些？

课题四　垂直平面的磨削

一、填空题（将正确答案填写在横线上）

1．垂直平面是指被磨平面与基准平面为______角的平面。

2．磨削垂直平面时，工件常用______________________、______________________、______________、______________、______________等装夹方法。

3．精密平口钳装夹适用于装夹________________________的工件及______________________________的工件。

4．精密V形铁装夹适用于磨削______________________工件。

二、选择题（将正确答案的代号填入括号内）

1．精密平口钳的特点是（　　），适用于在平面磨床上磨削各种小型精密的工件。

A．装夹稳固　　B．操作方便　　C．定位准确

D．经久耐用　　E．体积小　　F．灵活方便

2．精密角铁适用于在平面磨床上磨削各种（　　）。

A．水平平面　　B．垂直平面　　C．相交平面

D．平行平面　　E．倾斜平面　　F．正交平面

3．导磁体和导磁V形架主要用来夹持磨削（　　）。

A．水平平面　　B．垂直平面　　C．相交平面

D．平行平面　　E．倾斜平面　　F．正交平面

4．（　　）具有两个相互垂直的工作平面，故在磨削垂直平面时可获得较高的加工精度。

A．方箱及夹头　　B．精密角铁

C．正弦夹具　　D．V 形架

5．用垫纸法磨削垂直平面时，采用（　　）的磨削方法较麻烦，精度不易控制，生产效率低。

A．百分表找正垂直面　　B．圆柱直角尺找正垂直面

C．专用百分表座找正垂直面　　D．专用工具找正垂直面

三、判断题（正确的打"√"，错误的打"×"）

1．精密平口钳适用于在平面磨床上装夹非导磁性工件进行磨削加工。（　　）

2．精密角铁有两个相互垂直的工作平面，它们的垂直度公差在 0.01 mm 以内，故磨削时可达到较高的加工精度。（　　）

3．导磁直角铁是由纯铁和夹布胶木板压制而成的。（　　）

4．导磁直角铁的间隔分布距离必须与相配的电磁吸盘的绝磁层距离相等。（　　）

四、简答题

1．磨削垂直平面时，工件有哪几种安装方法？

2．简述用直角尺测量垂直度误差的方法及步骤。

课题五　斜面的磨削

一、填空题（将正确答案填写在横线上）

1．一般情况下倾斜程度大的斜面用______________表示，倾斜程度小的斜面用______表示。

2．磨削斜面时的装夹方法有用____________________装夹、用____________________装夹和用导磁 V 形铁装夹。

3．正弦精密平口钳主要由________________________与底座组成。

4．正弦精密平口钳的最大倾斜角为__________，适用于磨削__________斜面或____________________的斜面。

5．正弦电磁吸盘的最大倾斜角为____________。

6．导磁 V 形铁的构造和工作原理与__________相似，其两个工作面的__________应根据工件要求制成。

7．如果要求不太高时，斜面与基准面的夹角可以用___________或_______________检验。精度要求高时，可以用_____________检验。小型工件的斜角可以用_____________比较测量。

8．平面磨削中产生平行度超差，通常是由_______________________________________、__________________________、__________________________、________________________引起的。

二、选择题（将正确答案的代号填入括号内）

1．正弦电磁吸盘由（　　）组成，主要用于磨削零件的倾斜面。

A．带电磁吸盘的正弦规　　B．永磁吸盘正弦规

C．标准电磁吸盘　　D．标准正弦规

E．夹具体　　F．底座

2．平面磨削中产生表面粗糙度值不符合要求的误差，通常是由（　　）引起的。

A．量具选用不当　　B．冷却不充分

C．砂轮磨损不均匀　　D．工件变形

E．砂轮钝化后没有及时修整

三、判断题（正确的打“√”，错误的打“×”）

1．磨削斜面用正弦电磁吸盘装夹时，若加工斜面长度大于工件厚度，正弦电磁吸盘应与工作台运动方向垂直放置。（　　）

2．正弦规圆柱下垫入量块组后所构成的角度应等于工件的斜角。（　　）

四、简答题

1．简述用正弦精密平口钳装夹磨削斜面的操作步骤。

2．磨削零件的斜面，已知斜角 β =30° 8′，用中心距 L=200 mm 的正弦电磁吸盘装夹，试求量块组的高度 H。